ABREGÉ

DES CHOSES
PLVS NECESSAIRES.

DV VRAY

ET METHODIQVE
COVRS DE LA PHYSIQVE
RESOLVTIVE
VVLGAIREMENT DICTE

CHYMIE,

Extraict

DE LA THEOTECHNIE
ERGOCOSMIQVE

C'est à dire

L'Art de Dieu, en l'Ouurage de l'Vniuers.

Par A. BARLET D. M. Demon-strateur d'icelle.

ABREGE DES CHOSES PLVS NECESSAIRES. DE LA PHYSIQVE RESOLVTIVE, VVLGAIREMENT DICTE CHYMIE

ARGVMENT.

CET Abregé est diuisé en deux parties sçauoir en Theorie, & Practique. Et vne chacune en sections. La Theorie en

contient trois, Et la Practique cinq.

En la premiere, section de la Theorie, est compris sommairemẽt, l'Intelligence des Principes, Elements, & qualitez du composé.

En la seconde, est donné premierement la description, de cest Art, son explication, diuision, project, & autres en general comme sont les matieres sur lesquelles elle s'occupe. Puis les formes, ou effects qui en resultent; En troisiesme lieu les manieres, ou operations d'iceux, auec leurs descriptions, Et finalement leurs instruments, & differences.

En la troisiesme sont exprimées ses veritez, ou maximes principales, suyuant l'ordre des quatres familles des mixtes, Et d'une chacune sont deduictes, En premier, *lieu les regles generales d'icelles, Et par apres les particulieres, afin d'operer, plus asseurement.*

En la premiere, section de la Practique, Est proposé le dessein d'un bon nombre, d'Operations, de la mesme Physique, pour seruir d'Exemples a toutes les autres, quant, audit ordre.

En la seconde section, & les trois suiuantes Est representê, un estat de ce qu'il faut auoir, & faire en particulier, pour chasque matiere, y Comprise, selon son poids; Ensemble les moyens, les vaisseaux, le procedé conforme, à son tiltre, & la chaleur requise, Ainsi que nous expliquens a nos Auditeurs, attendants le liure entier.

PREMIERE PARTIE,

DE LA THEORIE RESOLVTIVE.

SECTION PREMIERE.

De l'Intelligence, des Principes, Elements, & qualitez du Composé.

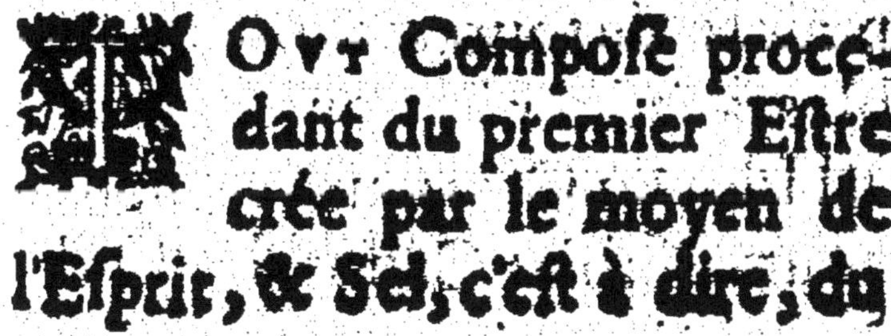

TOVT Composé procedant du premier Estre crée par le moyen de l'Esprit, & Sel, c'est à dire, du ſubtil, & ſolide vniuerſels, fondemẽts de Nature; tire ſon eſtre ou eſſence, de l'vnion, particuliere d'iceux en elle : Sa conſiſtance ſenſible, ou exiſtance, des quatre premieres qualitez, moyennant leurs Elements: Sa vie de leur forme determinée: Son progrez de leur vert · ſpecifique, & ſa durée, de ſon inuiolable, & tres conſtante reuolution.

Le premier Eſtre crée a eſté vne ſubſtance toute tout interieurement, ſans diſtinction externe de genre, ou de ſexe, c'eſt à dire groſſe, feconde, & emprainte de toutes choſes ſenſibles à l'aduenir, conformemẽt à l'Idée du Créateur, appellée pour ce ſubiet Cahos, c'eſt à dire total vniuersel, & corporel tres bien dispoſé; mais non encore manifeſté, quant à nous.

L'Eſprit, ou ſubtil eſt la partie plus rare, diſtinguée de ce total, qui diuerſement reünie à ſon Sel, ou Solide, conſtitue auec luy, toute la varieté ſpecifique, & indiuiduelle de la Nature, la regit, & viuifie, moyennant leurs qualitez innées, qui les font paroiſtre au dehors.

Le Sel, ou Solide, eſt la partie plus compacte diſtinguée de ce total auſſi, qui diuerſement reünie à ſon Eſprit, ou ſubtil, conſtitue auec luy toute la meſme varieté, cauſant l'extenſion, & la conſtance d'icelle Nature, en ſes compoſitions, nommez vniuerſels parce qu'ils fluent immediatement de l'vnité; où que de l'vn, ils se portent vers l'autre; C'est à dire de la simplicité à la composition.

L'Essence est l'vnion particuliere premiere de l'Esprit & Sel vniuersels, soubs le plus; ou le moins interieur d'iceux, dans son indiuidu, qui les determine, & qui la font imperceptible pour ce subiect.

L'existance est l'vnion derniere des mesmes faite externe, & subiecte à nos sens, par leurs accidents mis au dehors, Et

Les accidents ne sont que les emanatiõs externes produictes des mesmes formes substantielles, comme les feuilles aux plãtes, les qualitez aux elements, pour les cognoistre, & semblables, la varieté desquels ne procede, que des parties diuerses du composé ; Puis que l'vnité indiuisible, par sa simplicité, ne produit rien qu'vnité, qui est soy mesme.

Or quand à nostre subiect, si tost qu'vne qualité a paru, à mesme instant son opposée a esté cogneuë, Et icelle agissante, ou patiante.

La premiere a descouuert la seconde. Et par mesme droit d'opposition, qui est tres commune en l'ordre des Creatures, le nombre de quatre a esté produit, & non plus, ny moins, tant au dehors, qu'au dedans, pour leur mutuel rapport ; ou connotation de contrarieté, par laquelle, elles ne peuuent subsister ensemble.

Il est vray quepar vn nouueau meslange entr'elles, les secondes, troisiesmes & autres sont produictes; Puisque tout crée naturel ne dit que l'action; ou passion, & les deux vn subiet.

Ainsi le Chaud, ou le Froid se trouuent; ou auec le Sec; ou auec l'humide cõme Symboliques; mais le Chaud, auec le Froid; & le Sec auec l Humide nullement, estans contraires, ou opposez directement,

Et partant comme l'Accident fait voir la substance, les Elements auec leurs nombres, nous ont esté manifestez par leurs premieres qualitez, combinations, ou assemblages possibles entre elles, & en nombre de huict, que nous exprimons en cette sorte.

Le plus de chaud, & le moins de sec, nous font cognoistre le feu, & constituent la tenuité, l'acreté &c. Et tout de mesme de son opposé reciproquement, n'y ayant, qu'vne raison pour l'vne & l'autre combination; ou association; quoy que la composition en soit plus forte, & perceptible, en cette sorte.

Le plus de sec, & le moins de chaud demonstrent l'Armoniac, & font le rare, l'aspre, Et semblablement des autres, cõme appert par la table cy-apres, estants les mesmes Elements, distinguez seulement, en premiers, & derniers.

Les premiers sont appellez

tels, en tant qu'ils ſont moins qualifiés paſſiblement, c'eſt a dire capables d'vnion entr'eux, pour ſeruir à l'entretenement des mixtes : Et les derniers ſont ainſi nommez, à cauſe qu'ils ſont deuenus habiles, & modifiez par la conuerſion reciproque de leurs accidēts, C'eſt à dire par l'abbaiſſement de leurs qualitez ſuperieures, & l'eſleuation de leurs inferieures, purement accidētaires, qui les couurent pour les faire paroiſtre d'auantage, & deuenir vtiles à l'extenſion, & conſeruation des meſmes mixtes, qu'on appelle communemēt Refraction; Car le chaud eſtant ſurmonté par le ſec, l'action totale du feu, eſt ſuſpenduë ſous le nom d'Armoniac, comme l'on voit aux charbons allumez, & couuerts de cendres, qu'à ce desscin, il faut souffler, affin qu'ils eschauffent d'auantage.

Le froid vaincu, par l'excez de l'humide l'eau ne peut entierement se congeler, & s'appelle Mercure en general.

L'humide abaissé par le chaud deuient combustible, & prend le nom de soulphre.

Et le sec contigu dompté par le froid, la terre deuient compacte, & continuë, qu'on nõme Sel. Dont l'Armoniac est vn feu couuert: le Mercure est vne eau coulante: le Souphre vn air bruslant, & le Sel vne terre continuë. Et par vn second meslange selon le plus, & le moins d'iceux, ils nourrissent tout mixte, ou le destruisent.

En cette maniere le volatil, ou l'Armoniac esleue le fixe, ou le sel proprement dict, l'Incombustible, ou le Mercure porte le combustible, ou le Soulphre: Le Soulphre faict l'extention, mobile, ou non, Et touts ensemblement grossissent, & entretiennent le composé dans leurs communs principes:

Touts, lesquels Elements peuuent estre descripts par l'vnion des mesmes principes, auec l'vne ou l'autre des qualitez agissantes, dans l'vne, ou l'autre des qualitez patiantes, selō le plus, ou le moins d'icelles, & en suitte de ce que dessus. Comme

Le feu est l'vnion specifique de l'Esprit & Sel, ou solide, vniuersels, auec le plus de chaud, dans le moins de sec, & reciproquement,

L'Armoniac, est l'vnion des mesmes principes, auec le moins de chaud, dans le plus de sec, pareillement des autres, comme nous auons fait dans nostre Type Cosmique, ou modele du monde, suiuant les Hermetiques, qui les ont expliqué soubs le mot de planette, & de signe, La diuision, & soub diuision, des qualitez, estant comme s'ensuit.

Des qualitez les vnes sont actiues, & comme spiritueles, non perceptibles, que par l'attouchement dans leur subiects,

& les autres ſont paſſiues, materieles, & communes à tous les ſens, par l'eurs actiues, & quaſi formeles.

Dauantages les vnes ſont motrices, & effectrices; les autres, comme matrices, & nourrices, les vnes internes, & les autres externes, ſuperieures, & inferieures, ſimboliques & contraires, premieres, ſecondes, & autres, Et le tout moyennant leurs elements, & meſmes principes.

Le ſec eſt, ou compacte, ou rare, & l'humide eſt ou aqueux, ou aerien, ou ſoulphreux, Le rare s'approche de l'indiuiſible, Et l'aerien du ſoulphreux. L'Indiuiſible tẽd, au ſpirituel, & le ſoulphre au feu; Et l'eſprit, &

le feu, c'est à dire, & l'humide radical, & la chaleur innée de chasque chose reposent interieurement, en la constance, qu'ils ont dans leurs principes, Et iceux en leur vnité premiere.

Le sec vny au froid deuient compacte, Et en suitte de ce fixe pesant, & bas, Et ioinct au chaud est fait rare, & cõsequemment leger, tendant en haut, Et tous deux sont appellez du mot de Sel, ou solide, c'est à dire fermes, & permanants ne perissants iamais, Et lesquels toutefois nous auons separé de nõ, comme d'effect, gardans le mot d'Armoniac, pour le volatil, Et le mot de Sel proprement dict, pour le fixe, affin de les entendre plus aisement.

L'humide ioinɛ̃t au froid, eſt aqueux, qui ne mouille qu'exterieurement, incombuſtible, Et s'appelle, en general Mercure, c'eſt à dire Element, ou ſubſtance purement coulante, ou courante ; quoy que cette appellation ſoit particuliere, pour le metallique,

Et ioinɛ̃t au chaud eſt aerien, mollifiant interieurement, & exterieurement, Combuſtible, & non combuſtible. Et s'appelle auſſi generalement Soulphre, c'eſt à dire ſubieɛ̃t au feu, ou ſouffrant, c'eſt à dire perſeuerant au feu, auec la differance touſiours du plus, & du moins entr'eux, qui non ſeulement les ſpecifie, comme tout mixte, mais qui les ſepare de nom, ſelon que dict est, A cause de-quoy le mesme humide est tan-tost aigre, tantost doux, & tan-tost insipide appellé phlegme.

Finalement soubs l'Esprit est compris le Soulpre, & le Mer-cure, Et soubs le Sel, ou solide le fixe, ou le volatil; le Soulphre est combustible; ou incombu-stible, le Mercure est vapora-ble, ou non vaporable, Et le fi-xe, & le volatil, sont tant humi-des, que secs, desquels le mes-me corps prend sa consistance, plus sensible,

ARGVMENT.

De la Figure ſus-mentionnée.

CEtte figure compoſee de quatre lignes en quarré, & de deux s'entrecouppants, repreſente la ſubſtance en general, & ſes accidents, dont les parolles, qui occupent le milieu de la partie ſuperieure, & inferieure, font voir en l'vnité la ſubſtance denotée, par la lettre S. Et d'icelle les principes, l'eſſence, & l'Exiſtence, A coſté droict du haut tandant au gauche du bas, & reciproq[illegible]ment, ſont marquées les qualitez contrai-

res, tant actiues, que paßiues, Et aux costez perpendiculaires, les symboliques, lesquelles vnies ensemble de monstrent la substance, elementaire, & constituent les secondes, & autres qualitez. Ainsi du nõbre de leurs combinations, resulte, le nombre des Elements, & leur differances, en premiers, & derniers, vulgaires, & Hermetiques. Ceux là sont designez, par chyfres, & Ceux cy par lettres alphabetiques. Sur le milieu de chasque ligne exterieurement, & au dedans des mesmes costez est apposé vn mot & vne lettre, pour signifier leurs circonstances accidentaires & autres, De façon que la, substance, pour estre sensible, est premierement reuestue de la quantité, suiuie de la qualité, qui dit la relation à sa contraire l'action & la passion, Et toutes icelles, le lieu, la situation, le temps & ce qui est possedé independemment, comme les lettres; Q. R. A. P. L. S. T. & H. manifestent, Pour l'expression dequoy, il faut commencer par les superieures d'vn & d'autre costez, & puis par les inferieures, tant diagonales, que perpendiculaires, & ainsi du reste facile à conceuoir.

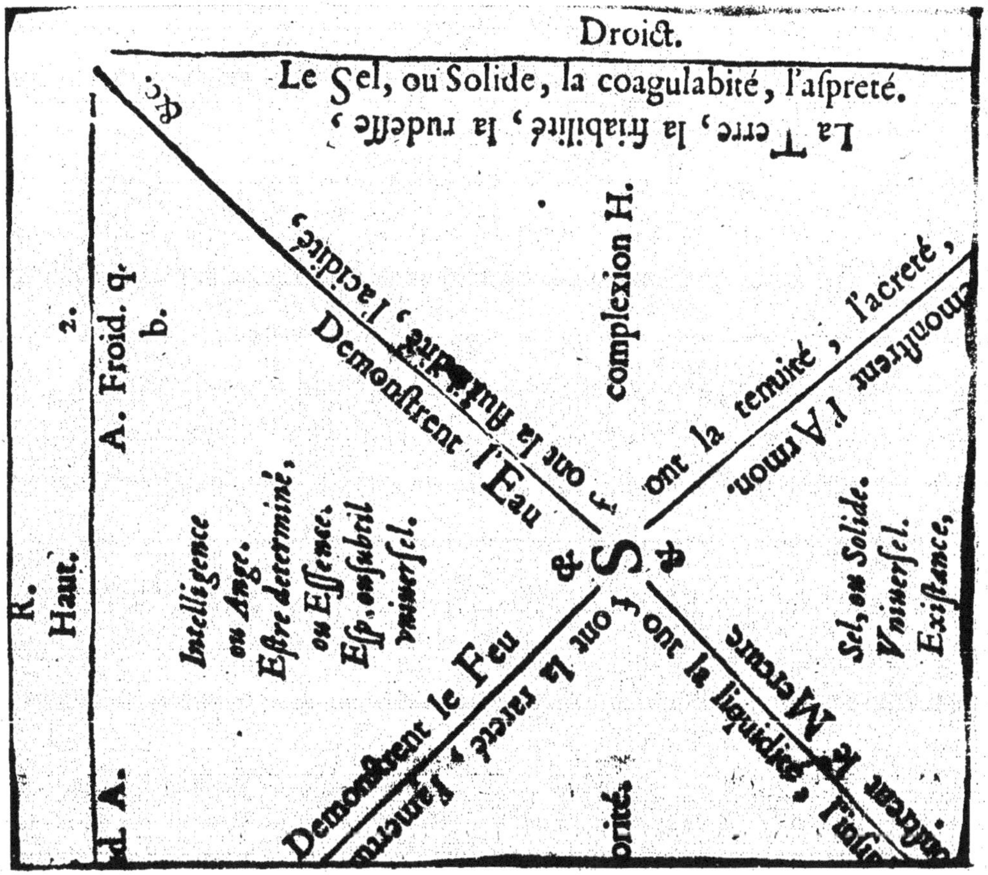

Droict.

Le Sel, ou Solide, la coagulabité, l'aspreté.

La Terre, la friabilité, la rudesse,

&c.

complexion H.

Demonstrent l'Eau

& font la fluidité, l'acidité,

& font la temirté, l'acreté,

demonstrent l'Armon.

S

Sel, ou Solide.
Vniversel.
Existance.

Mercure

& font la liquidité, l'insip

Demonstrent le Feu

& font la rareté, l'amertu

Intelligence
ou Ange.
Estre determiné,
ou Essence.
Esp. ou subtil
vniversel.

R.
Haut.
2.
A. Froid. q.
b.
d A.

orité.

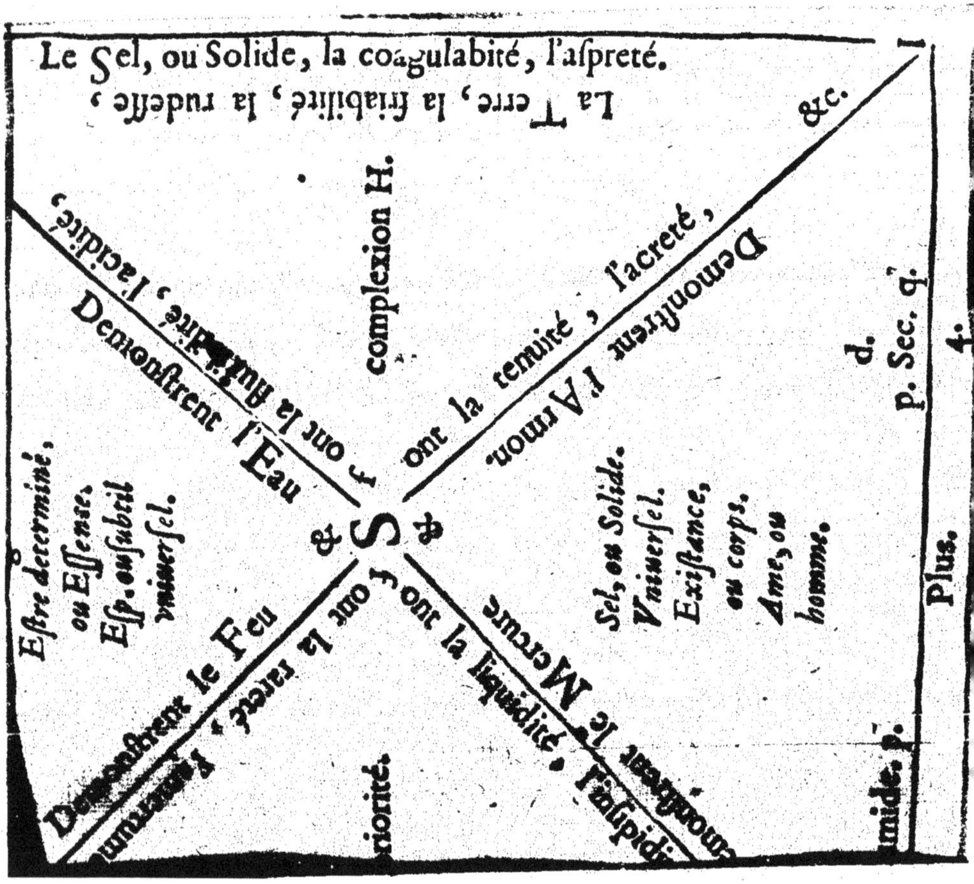

Le Sel, ou Solide, la coagulabité, l'aspreté.

La Terre, la friabilité, la rudesse,

&c.

I

complexion H.

Demonstrent l'Eau

ont la fluidité, l'acidité,

ont la tenuité, l'acreté,

Demonstrent l'Armon.

& S &

Estre determiné, ou Essense. Esp. ou subtil vniversel.

Sel, ou Solide. Vniversel. Existance, ou corps. Ame, ou homme.

d.

p. Sec. q.

4.

Plus.

Demonstrent le Feu

ont la rareté, l'

ont la liquidité, l'insipidi

Demonstrent le Mercure

cionité.

mide. p.

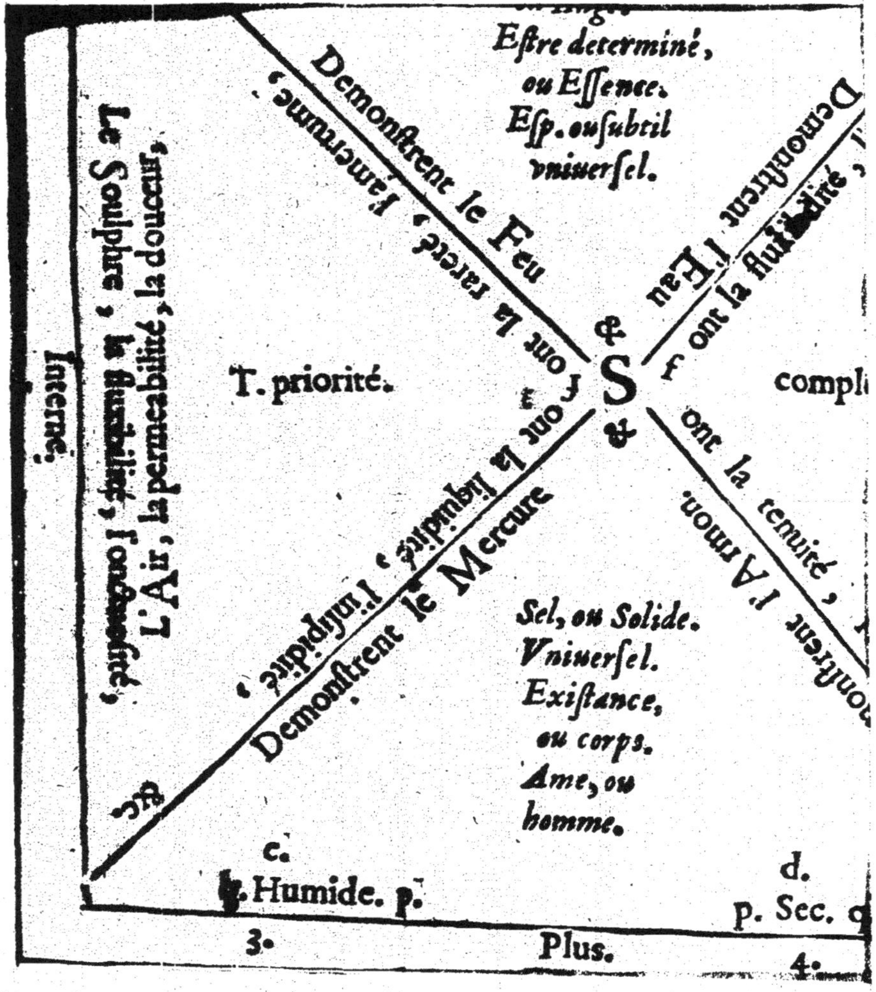

Estre determiné,
ou Essence.
Esp. ousubtil
vniuersel.

Demonstrent le Feu
ont la rareté, l'amertume,

Demonstrent l'Eau
ont la fluiditê,

T. priorité.

& S &

compli

Demonstrent le Mercure
ont la liquidité, l'insipidité,

Demonstrent l'Armon.
ont la tenuité,

Sel, ou Solide.
Vniuersel.
Existance,
ou corps.
Ame, ou
homme.

Le Soulphre, la fluxibilité, l'onctuosité,
L'Air, la permeabilité, la douceur,

&c.

Interne.

c.
Humide. p.

d.
p. Sec.

3. Plus. 4.

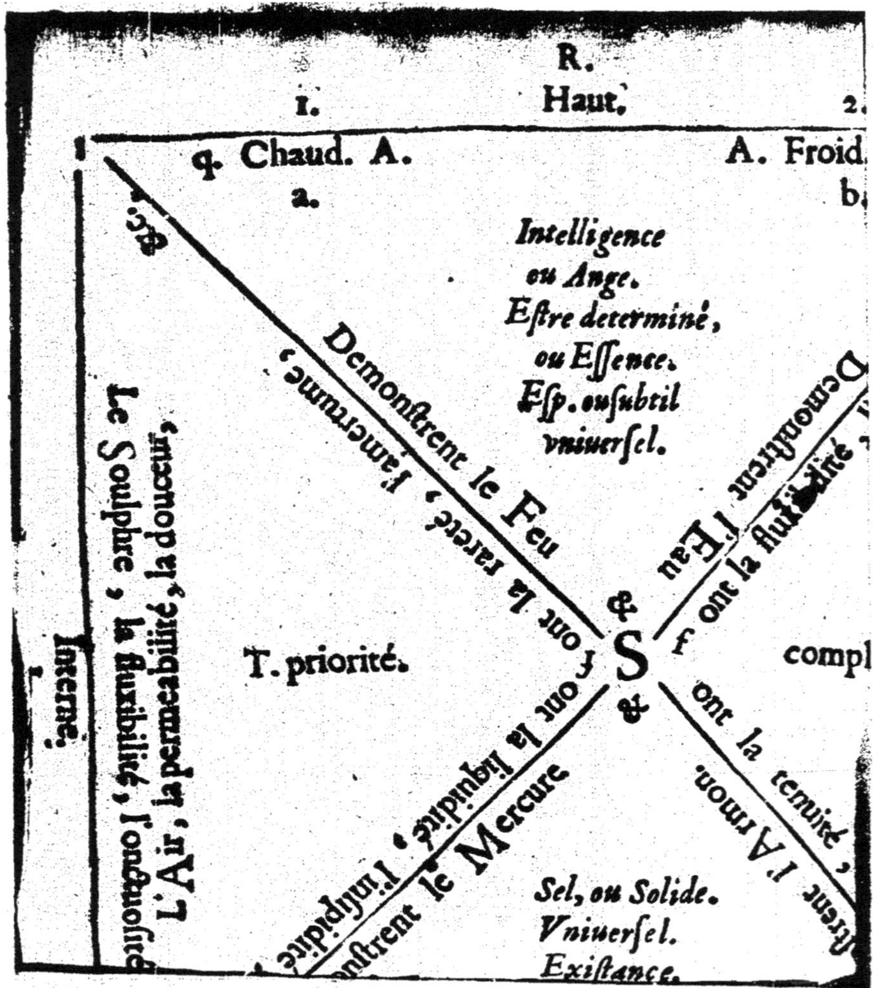

R.

1. Haut. 2.

q. Chaud. A. A. Froid.

2. b.

Intelligence ou Ange.
Estre determiné, ou Essence.
Esp. ou subtil vniuersel.

&c.

Demonstrent le Feu

ont la rareté, l'amertume,

Demonstrent l'Eau

ont la fluidité,

& S & f

compl

T. priorité.

ont la liquidité, l'insipidité

onstrent le Mercure

ont la tenuité,

strent l'Armon.

Sel, ou Solide.
Vniuersel.
Existance.

L'Air, la permeabilité, la douceur,

Le Soulphre, la fluxibilité, l'onctuosité

Interne.

1.

Ce qu'estant ainsi deduict briefuement, nous dirons quant à la nature, & subject de cette cognoissance : Que.

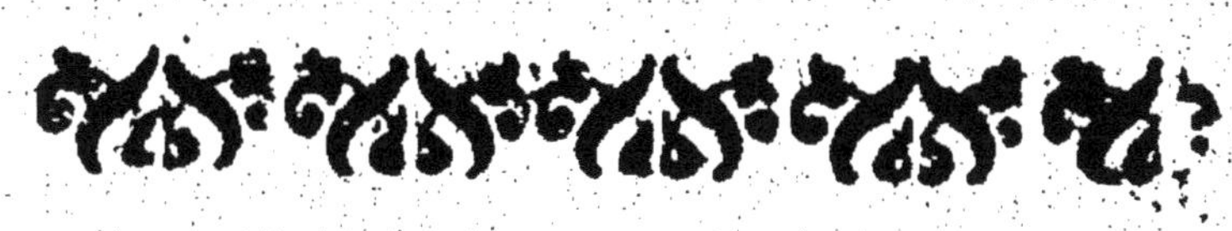

SECTION SECONDE.

Des Qualitez de la Physique resolutiue.

L'Art de resouldre les mixtes, nommé pour ce subject Physique resolutiue, est apellé communement *Spagyrie*, parce qu'elle separe proprement parlans, & apres conioinct, quoy qu'autrement, pour s'en seruir, comme ſera dit *Alchymie* du mot *Arabe* ſignifiant preſque le meſme. Science *Hermetique* pour ſon antiquité ; c'eſt à dire depuis le temps d'Abraham qu'Hermes l'egiſlateur des Egyptiens viuoit, & la profeſſoit, Et diſtillatoire, pour ſa plus belle, & principale, fonction, quant à preſent, dont elle eſt dicte *Chymie* ne comprenant que l'humide.

Mais comme toutes ces denominations n'expriment point au vray tout ce qu'elle eſt, pour n'auoir eſté bien cogneuë, & de la meſpriſée iuſqu'à preſent, elle peut auiourd'huy fort à propos prendre ſon nom, tiré du grec, ſçauoir, ou de Dieu, ou du monde, ou de l'ouurage meſme, qu'elle resout en ses propres parties sensibles & naturelles, comme.

La Pharmacie le prend du medicament, & la Chyrurgie de la main, trois sœurs d'vne mesme mere, qui ne conspirent qu'à mesme fin, quant à leur vsage seulement, Et laquelle se descript en cette sorte.

La *Physique resolutiue* vulgairement dicte Chymie, & proprement *Theotegnie Ergocosmique*, c'est à dire, l'Art de Dieu en l'ouurage, de l'Vniuers, est la cognoissance sensible de la maniere inimitable, suiuāt laquelle, toutes choses ont esté faites, sçauoir par la resolution seule de leurs parties en leurs proches principes, & elements.

derniers sensibles : afin d'Esleuer nostre entendement aux insensibles, & d'Icelles nous en seruant nous reposer à leur autheur seulement ; l'Explication en estant telle, car

Par le mot de *Cognoissance*, est monstrée la façon de nostre sciẽce, d'autant que pour sçauoir, il faut premierement cognoistre.

Par le mot de (*Sensible*) est declaré l'object de cet Art, qui doit estre conforme à sa puissance, c'est à dire qu'Estâts reserrez dans vn corps, nous ne pouuons agir que par ses sens.

Par le mot (*de la maniere*) est exprimé, que rien n'est fait par hazard, mais le tout en nombre, poids & mesure.

Par le mot (*Inimitable*) nous

confessons vn souuerain & son œuure, à luy particulier, & lequel nous ne pouuons qu'Admirer seulement, Ce qui nous fait dire, en aduouant nostre ignorance, que le Maistre, qui la fait, s'Est retenu le secret.

Par ces mots (*suiuant laquelle toutes choses ont esté faites.*), est recogneu le prototype vniuersel, qu'on appelle monde exemplaire, c'est à dire l'Idée, ou pensée eternelle de son autheur, contenant le tout essentiellement, & tres parfaitement, comme nous voyons par son existance, n'estant que pur acte, & l'ordre le requerant.

Par le mot de (*Resolution,*) est marqué nostre possibilité, Car les choses estans produictes en nostre absence, ou sans nous, il a fallu necessairement les destruire, pour conoistre leur structure, ou composition.

Par le mot, (*seule*,) est signifiée la differance qui est entre les choses naturelles que nous ne pouuons restablir, & les choses artificielles que nous faisons.

Par le mot (*de leurs parties*,) appert semblablement la differance des mesmes choses composées d'auec le Createur, qui est eternel, tres simple & independant.

Par ces mots (*en leurs proches principes*.) est donné à entendre, la determination particuliere des vniuersels, en la fabrique du mixte, qui ne sont perceptibles, en eux mesmes, que fort obscurement, & durant l'action resolutiue de leur vnion, à cause de leur moindre compositiõ, l'Inexistence, ou le denuëment de leurs accidẽts plus sensibles, qui les remet dans leur premier estat, Ou se void le progrez des actions diuines, quant à l'imceptible, qui degré par degré est fait subiect a nos sens.

Par ces mots (*& Elements derniers sensibles*) est designée l'habilité, ou modification accidentaire des premiers, que les Philosophes ordinaires appellent Refraction, de laquelle nous auons parlé assez amplement en leur lieu, & ailleurs, En quoy paroist aussi le grand amour de Dieu enuers l'homme, ayant pour sa generation temporelle, assuierty mesme les Cieux, auec les Elements à vne disposition extraordinaire, comme on voit, quant à l'Eleuation, & conseruation des mixtes, & de luy particulierement.

Par ces mots. (*Afin d'Esleuer) nostre entendement aux insensibles*: Est demonstré pareillement l'Imperfection de nostre cognoissance presente, qui ne va que par degrez, & a tastons, montans des choses inferieures sensibles, & créez, aux choses hautes, spirituelles, & increées.

Finalement par ces mots, (*&* *d'Icelles nous en seruants nous reposer : à leur Autheur seulement,*) nous apprenons l'Intention du tout Puissant, qui n'a faict toutes ces choses, que pour l'homme, & pour se manifester soy mesme, se faisant cognoistre l'vnique Seigneur, le seul obiect, & suiect de nostre bien: Raison pour laquelle il a ioinct à nostre entendement, & à nostre volonté, le desir de sçauoir, qu'on accomplit, par cet Art, tant il est excellent, & esloigné de la commune Charlaterie. Et iusques là, que sans icelle, nul peut se dire vray homme, & vray Chrestien, c'est à dire, se cognoissant soy mesme, & le deuoir, qui l'oblige à son Autheur.

La mesme cognoissance, comme toute autre, est double, speculatiue, & practique. La speculatiue s'occupe à descouurir les principes de toutes choses.

mixtes, desquelles cy dessus a esté dict. La practique n'ayme que l'exercice, & n'Embitiōne, que de voir les parties, qui composent les mixtes, par l'ouuerture qu'elle en fait, affin de borner son desir, & se reposer dans l'vnique volonté de celuy, qui les a produict, outre son vsage.

Ainsi son subiect en particulier, est le composé, ou mixte naturel, en tant que resoluble, Et lequel est, ou viuant, ou non, soy mouuant exterieurement, ou non, separé de la terre commune, ou non, & y adherant au dehors, ou au dedans.

Celuy qui vit, se meut soy mesme exterieurement, & est separé de la terre, s'appelle proprement *Animal*, celuy, qui est attaché à la superficie d'Icelle, est nommé *vegetal*, & celuy qui ne vit point que fort obscurement, qu'on dit en Essence, & qui est enfermé dans ses entrailles, est apellé *Mineral* de la mine, ou matrice qui le contient. Et *Metal* du fouyssement, qu'õ fait pour l'auoir, Constituant en tout, trois genres diuers, qu'on apelle vulgairement, Les trois familles de ce bas mõde, La derniere desquelles nous auons diuisé en deux genres, à cause de la malleabilité, & facilité de cognoissance. Et partant &c.

En tout Art, & science, on peut rechercher, quatres choses, sçauoir *par qui* : *dequoy* : *comment*, & *pourquoy*. La promiere regarde l'Autheur ; ou la cause efficiente ; La seconde demonstre la Matiere, subiect, ou obiect, d'Icelle. La troisiesme tesmoigne la forme, ou Maniere qu'elle est faicte : La quatriesme, & derniere fait la fin, l'effect, ou la cognoissance mesme. En cette sorte.

La Physique Resolutiue (qui a pour Autheur le Souuerain seul) a quatre Matieres generales, sçauoir, Animaux, Vegetaux, Mineraux, & Metaux.

Les Animaux peuuent estre considerez selon douze parties naturelles, ou Matieres Vniuerselles sur iceux, à sçauoir,

Sang, Laict, Beurre, Chair, Graisse, Os, Cornes, Poils, Plumes, Oeufs, Fiente & Vrine.

Les Vegetaux sont compris sous douze Chefs, Matieres vniuerselles, ou parties naturelles aussi sçauoir.

Racines tendres, & charnues: *Bois*, *escorces*, *fueilles*; *Fruicts*: liqueurs, sucs espoissis, tartres, semences, gommes, & resines,

Les Mineraux sont plusieurs en nombre, principalement les suiuants, quant à leurs Chefs generaux; qui sont cinq, sçauoir *Sels*, *Soulphres*, *Pierres Terres*, & Marcassites, *ainsi*.

Sel nitre, *Salpetre*, *Sel marin*, *Sel gemme Sel Armoniac*, *Vitriol*, *Alum*. *Soulphre*, *Arsenic*, *Carabe*, C*orail*, *Esmeril*, *Bol*, *Estain de glace*: &c.

Les Metaux auec leur terre, & leur eau metallique, sont en nombre de huict, sçauoir.

A *ntimoine* terre metallique; Argent *vif* eau metallique, *Fer*, Cuyure, *Plomb*, E*stain*, A*rgent*, & Or.

Quant aux formes, poincts, ou Chefs generaux & naturels des mesmes matieres, ou subjects, il y en a treize; cy compris, sçauoir.

Eau: *Esprit*, *Essence*, *Extraict*, *Sels*, *Huiles*, pour les Animaux & Vegetaux, *Chaux*, *Fleurs*, *Sublimé*, *Cristaux*, *Verres*, pour les Mineraux & Metaux. *Baumes*, & *Magisteres*, pour tous les quatres.

Desquels le vray *huile*, ou soulphre inflammable n'est propre qu'aux Animaux, & Vegetaux.

Le Verre aux Mineraux & Metaux, Et le *Magistere* aux seuls Metaux. Leurs descriptions estants telles.

L'Eau est le phlegme insipide.

L'Esprit est le Mercure, ou humidité acide.

L'Essence est la liqueur soulphreuse plus subtile.

L'extraict est le corps moins terrestre.

Le Sel est le solide, la base, & le domicile du dict esprit.

L'Huile est la liqueur soulphreuse moins attenuee.

La Chaux est le corps entierement desseiché de l'humidité, qui lioit ses parties; Ou bien diuisé en icelles tres petites.

Les Fleurs sont vn corps sec esleué en Atomes indiuisibles, par le chaud, & reünis de rechef en iceluy legerement.

Le Sublimé est vn corps pareillemét sec esleué en mesmes atomes, & façon : mais reünis plus fortement.

Les *Cristaux* sont vn corps liquefié a chaud & reüny en soy par le froid transparant, & peu solide.

Le *Verre* est vn corps aussi trãsparant & moins solide, faict par vne longue fusion, & destruction de son soulphre obscur & combustible.

Le Baume est vne liqueur soulphreuse espoissie quelque peu plus que l'Huyle, par soy ; ou par autruy. &

Le Magistere est la correction, & melioration du mesme solide sans aucune separation de ses parties.

Et comme tout effect supose sa cause, toute matiere sa forme tout accident sa substance, tout object sa fin, & tout subject son operation auec ses instruments:

La mesme Chymie n'a pour *obiect* que la seule *Resolution*, ou distinction de tout mixte en ses parties & accidents, pour le cognoistre. Et pour ce il y a cinq Operations generales, à sçauoir.

Digestion, Distillation, Sublimation, Calcination, & Congelation.

La Distillation contient ces cinq.

Rectification, Cohobation, Filtration, Extraction, & Desfaillance.

La Sublimation ne comprend que la simple *Eleuation* ou *Exal-*

tation seiche & adherante.

La Calcination en dit neuf.

Dephlegmation, decrepitation, *Ignition, Incineration, Precipitation, Fumigation Reuerberation, Stratification, ou Cementation, & Amalgamation* Et

La Congulation en a trois.

Cestion [illegible] *Congelation & Fixation.* Qu'on peut descrire cõme s'ensuit.

La *Digestion* est vne preparation premiere des corps les plus resserrez, pour en faciliter la resolution.

La Distilation est vn découlement humide par l'esleuation vaporeuse des matieres aqueuses, ou souphreux.

La *Sublimation* est l'esleuation [illegible] subtils.

La Calcination est la separation de l'humeur, qui lie les parties du mixte.

La Coagulation est l'espoississement des corps rarefiés par l'humide.

La deparation est la separation des ordures estrangeres.

L'Infusion est le ramollissement du mixte sec, ou trop dur, par quelque menstrue.

La Maceration est l'Attenuation dudit mixte, & par mesme moyen.

L'Insolation est l'eschauffement solaire pour semblables fins.

La dissolution est la separation ou desunion des parties du mixte par corrosion, ou rarefaction.

La fusion est la liquefaction de

solide à chaud.

La Fermentation est l'vnion interne de diuerses substances, pour mesme effect.

La putrefaction est la corruption d'vne forme tandant à vne autre.

La Circulation est le recours d'vn mesme mixte humide, haut & bas, alternatiuement iusques à entiere perfection.

La Rectification est la depuration reiterée de l'humeur distillée par vne seconde, & autre chaude distillation.

La Cohobation est la reinfusion de l'humeur aussi distillée sur son propre marc, ou matiere.

La Filtration est la purification de quelque liqueur, par moyen ou intermede à froid.

L'*inclination* est la separation simple de l'humide d'auec ses feces, ou marc estant rassis.

La *deffaillance* est la separation aëriene faicte insensiblement, & découlant par soy mesme.

La *Desflegmation* est la desiccation de l'humidité externe superfluë & non contraire.

La *Decrepitation* est le desseichement de l'humidité cõtraire.

L'*Ignition* est la consumption de l'humide par feu nud, & couuert.

L'*incineration* est la reduction en cendres du combustible par mesme feu.

La *precipitation* est la separation du corps solide corrodé d'auec son dissoluant tandant en bas.

La *Fumigation* est la corrosion

du metal par fumee de plomb, & de Mercure ; ou par vapeur acre.

La Reuerberatiõ est vne chaleur à feu de flamme, tournoïant de toute parts sans moyen, le vase, ou la matiere qu'il échaufe.

La Stratification est l'adiancement de diuerses matieres, couche, ou lict sur lict, pour estre calcinées ; ou purifiées.

La Cementation est vne calcination seiche, ou purification du metal par poudres corrosiues lict, sur lict aussi.

L'amalgamation est vne Corrosion du metal par le meslange de l'argent vif, auec iceluy.

La Coction est la consumption chaude des parties superflues du mixte par soy, ou par moien.

La congelation est l'vnion du sec, & de l'humide par le froid en corps transparant, & peu solide apellé vitriol, ou cristaux.

La Vitrification procede des mesmes, mais par le chaud. &c.

La Fixation est le changement du corps volatil en fixe, c'est dire perseuerant aux flammes.

IL y a (enfin) trois instruments de la dicte Chymie, sçauoir.

Les Vaisseaux: les Fourneaux: & la chaleur.

Les deux premiers sont propres, ou Impropres.

Les propres sont vrais, naturels & legitimes, que chasque matiere a suggeré, & l'Art approuué.

Les Impropres sont ceux que la necessité presente de l'Artiste a Inuenté, & adiusté a l'Imitation des propres & naturels suiuant la cognoissance qu'il a de la mesme matiere, sãs lesquels, il n'est pas possible, qu'il y eut iamais pensé, ou tres difficilement: Puisque le moins ne donne point le plus, Et que l'imparfaict ne peut aucunemẽt produire le parfaict, si ce n'est par accident

Quant à la chaleur principal instrument de la mesme *Chymie*: ou elle prouient du Soleil, ou du Feu, Et l'vne, & l'autre, ou elle agit immediatement, ou par moyen. Comme aussi, ou elle est plus forte, ou moins forte.

La premiere difference constituë

tuë la varieté desdicts vaisseaux, & fourneaux, Et la secōde monstre les diuers degrez du Feu, & partant.

Toute Operation resolutiue des mixtes se fait, ou par le haut, ou par le bas, ou par le costé c'est à dire, ou par l'Alambiq, ou par le matras, ou par la cornuë.

Par le haut, ou l'Alambiq, le plus subtil s'esleue le premier, & puis le reste à proportion de l'humide, du Volatil, & du fixe.

Au contraire par le bas, ou matras, la matiere eschauffée & rarefiée tombe esgalement sur sa sortie, n'y trouuant point son repos.

Et l'vn & l'autre se practique par le Costé, ou la Cornuë, le ſubtil & l'eſpois circulants enſemble, qui enfin pouſſez par la chaleur, s'eſtendent & ſortent par le vuide, qu'ils peuuent rencontrer.

Deſquelles façons l'Alembiq eſt la plus douce & naturelle. Le propre de la chaleur eſtant de rarefier, & porter les corps en haut quand elle peut, ou autrement ſelon qu'il ſe preſente.

Les meſmes operations ſe font par, ou ſans moyen : auecq. ou ſans preparation.

Le Moyen eſt, ou ſec, ou humide ; Le ſec garde le nom d'Intermede, Et l'humide de menſtrue.

L'Intermede empeſche l'e[illegible]tion, & la fuſion de la matiere, ouurant ſon corps à la chaleur, & aux eſprits.

Le *Menstrue* penetre la mesme matiere, se charge & s'impreigne de sa teinture, ou qualité particuliere, laissant l'inutile apres soy.

La preparation regarde la mesme resolutiõ des parties du mixte, & se fait, ou par le fer particulierement, ou par le feu, ou par l'eau comme dict est.

La premiere façon separe les parties externes & sensibles, soubs le nom d'anatomie, ou dissection principalement quant à l'homme.

Les deux dernieres descouurent les plus internes & moins perceptibles, c'est à dire les Elements & principes dudit mixte, soubs le nom de Chymie. La premiere tend aux deux, & les trois enſemble à l'entiere connoiſance du meſme mixte, & de là à leur Autheur.

La qualité du vaiſſeau ſuit celle de ladite matiere ; Et le degré de chaleur dépend des regiſtres du fourneau, ou de l'eſprit de l'Artiſte.

Bref les regiſtres ſuppleent à ſon abſence, & à iceux ſon iugement.

Maintenant il ſuit à parler

SECTION TROISIESME

Des veritez, ou Maximes principales & plus vtiles de la Resolution.

Et partant pour ce qui est

DES ANIMAVX

Il faut dire que,

1. DE toutes choses nous auons tout, mais non pas de chacune en particulier, veu que les Corps sublunaires sont esleuez & alimentez des Elements, qui plus, qui moins, qui de tous, qui d'aucuns seulement, dont

2. Tout mixte, qui ne peut donner ſa liqueur, ou ſon eſſence, que par combuſtion. Icelle garde touſiours ſon empyreme, ou bruſlure, de quelle façon qu'on le rectifie, Eſtant meilleur d'en faire les extraicts, ou magiſteres.

3. Toute rectification ſe fait en meſme forme, & par la cornuë, & des liqueurs chaudes, acides & huyleuſes ſeulement.

4 Les Extraicts & les Magiſteres ſe font auſſi de meſme f çon, ſçauoir en cucurbites, pots, eſcuelles de verre, ou de fayance, & autres, Et ne different qu'en moyens humides, appellez menſtrues, comme eſtans d'vn mois pour les plus longs, En cette ſorte.

5. Du Sang, du Laict, de la Chair, blanc d'œufs, plumes, poils, cornes, & autres, on ne peut tirer l'huyle, ou le baume sans adustion, & par consequent tres puant, inappliquable au dedans, au lieu duquel on vsurpe l'esprit aqueux, & salineux rectifié.

6. Le Beurre, la Graisse, Suif, Lard, Cire & semblables, se distillent de mesme sorte, sçauoir par la cornuë, & ne different qu'en moyens, ou intermedes secs, suiuant leur besoin.

7. Des Perles, des yeux d'Escreuices, conques, porcelaines, escailles, & semblables corps secs ne se distille aucun suc, moins encore se tire aucun sel proprement dict, mais seulemēt

vne craye, ou chaux insipide, laquelle ayant esté separée de son menstruë, ou sel estranger, qu'on y auoit adiousté, peut derechef estre monstrée comme auparauant.

DES VEGETAVX.

8. LE desseichement, trituration & fermẽtation des plantes, quant au refrigeratoire, ne sont point necessaires pour l'extraction de leur essence ou huyle qui sont de vertu facile à dissiper : Au contraire des autres.

9. Le bruslement ne fait pas le sel, mais il le descouure s'il y est, consommant l'humeur aqueuse accidentaire; car on brusle plu-

sieurres choses, qui n'acquierent aucune salure : Et au contraire plusieures choses deuiennēt salées, qui ne sont point bruslées, comme l'vsage fait voir, Partant

10. Tout ce qui distille le premier aux Vegetaux, & tant que dure leur saueur & odeur, est tousiours le meilleur, Mais.

11. Les eaux simples distillées des plantes, qui sont le plus souuent insipides, ou de tres mauuais goust, ne contiennent point la vertu & qualité predominante de leurs corps, parce qu'elles sont despouillées de leurs sels, ou de leurs soulphres principaux domiciles d'icelles, qu'ils leur faut adiouster pour ce suiect, Dont.

12. Les odeurs, & saueurs des

mesmes eaux distillées ne sont que le soulphre subtil, ou le sel volatil de leur humeur radicale, comme il appert par experience, si on les retient auecque vn linge appliqué au bec de leur Alembic, Par ce moyen.

13. Toute essence, huyle spiritueuse ou baume soulphreuse, ne se tire point mieux que par la courge d'airain auecque son serpentin, le vehicule ordinaire & par vn feu escumant sur le commencement.

14. Les racines tendres & charnuë se peuuent distiller comme les fruits dans vne chapelle bain sec, ou vaporeux, auecque, ou sans moyen, au fourneau de cendres: Et du premier iusqu'au second degré de chaleur.

15. Les racines ligneuses, escorces & bois secs se distillent en mesme sorte, & suiuant leur nature specifique, sçauoir par descente, & mieux par costé, sans aucun moyen : Ou par le haut auecque vn vehicule approprié, comme il sera requis.

16. Les feuilles chaudes recentes, ou sechées, leurs fleurs, & leurs sementences se distillent par le refregeratoire auecque son serpent plus aisement ; Au contraire des froides ; desquelles faut prendre le suc pour le distiller au bain marin & semblables, ou toute la feuille à la façon des fleurs & fruits dans la chapelle.

17. L'esprit de vin n'est qu'vne liqueur soulphreuse fort subtil, le pure & de nature de Ciel, ne don-

nant aucune suye, si on le brusle soubs vne cloche, Et par consequent aucun autre esprit.

18. Le mesme esprit neantmoins, quoy qu'il puisse resoudre quelques substances ligneuses, ou resineuses, ne dissoult point les mineraux, ou les Metaux, s'ils n'ont esté auparauant impregnés de quelque corrosif.

19. L'eau de vie n'est autre chose, que l'humeur radicale du vin chãgée en feu par le trop de fermentation, ou de chaleur, comme en tout autre, auquel suiect elle est nommée de plusieurs ardente.

20. Ce qu'on appelle sel essentiel aux plantes, n'estant point pur, ou separé de son humeur nourriciere, est leur vray tartre,

ou

sel encore crud. C'est pourquoy.

21. La cremeur & cristal de tartre, n'est point sel, ou partie dissemblable du tout, mais le tout mesme purifié; Et

22. L'huyle de tartre n'est que le sel d'iceluy calciné, liquefié & resoult par l'air froid & humide.

23. Quant au sel volatil des mesmes plantes, & de tout autre mixte: comme le benzoin, camphre, &c. Il ne se reduit qu'en fleurs, lesquelles à la façon de la raisine se fondēt & se resublimēt pour le peu d'humidité qui les lie. Et à moins que d'estre aydées par quelque autre plus liquide, leur seichceresse les esleue tousiours.

DES MINERAVX,

24. DEs Mineraux en particulier, on ne peut extraire, que quelques vns des susdits Elements, mesmes selon le plus & le moins, ou tres difficilement, & improprement, estant moins composez que les Animaux & Vegetaux, Ou plustost leurs parties constitutiues comme l'experience fait voir, le Mercure desquels est l'humidité qui les rarefie au dedans pour les estendre à l'exterieur indiuisiblement. Et au dehors est le corrodant pour les reduire en leur premier neant, Doncques.

25. Le feu extreme agissant sur l'incombustible, & exprimant

son humide radical, & son esprit le rend penetrant, & le fait par sa grande acuité & par son sel mordant & acide, Puis que nul esprit est sans sel, nul sel sans terre, & nul des trois sans humeur comme leur lien, & vehicule, Au contraire du combustible comme dit est. Ainsi.

26. Tout menstruë qui dissout les corps en atomes indiuisibles, n'agit que par son esprit, & son sel aydez de leur humidité, qui les amollit : Pareillement.

27. Tout dissoluãt qui s'eschauffe en agissant, tesmoigne son ardeur accidentaire, qu'il manifeste par son obiect, ou son contraire, comme celle de la chaux viue dans l'eau commune. A cette cause.

28. L'action & la passion estants mutuelles, l'esprit esmoussé, & son humide rafroidy, ne peuuët estre reparez, que par la mesme chaleur, ou diminution de son humeur, Et.

29. Les corps dissoults imperceptiblement sont portés par les sels de leurs dissoluants, & abatus par leurs contraires, le froid, ou le trop de leur aquosité, Bref.

30. Tout dissoluant des corps mixtes, qui par similitude de nature se ioint à leur sel interne ou potentiel, ne plus ne moins que l'huyle à la cire, cesse d'estre simple & ne peut estre separé, que des chaux terrestres, ou metalliques, Quoy fait.

31. Du sel marin & autre fixe, on ne tire que l'acide qui tient lieu

de Mercure, Et les cristaux, ou glaçons d'iceluy mis en resolution, sont sel, & non point huyle, ou partie dissemblable du tout, mais le tout mesme liquefié en air humide & froid comme dit est; le sec appeta ntnaturellement l'humide, de la vient que

32. Le temps ou l'espace à tirer l'esprit du sel fixe est au triple du nitre ou salpestre, que nous appellons soulphre blanc & semblables, à cause de sa froideur interne, & moindre humidité, que sa fonte tres chaude nous apprend, outre sa fixité.

33. Du sel Armoniac & semblable volatil ne sort aucune liqueur, si on ne l'y adiouste, nullement fusible tout seul aussi, à cause de sa seicheresse extreme.

34. Le Vitriol n'est point sel proprement parlant, moins son colcotar, ou le mesme rubefié, mais seulement vn esprit soulphreux, coagulé à froid auec l'eau en forme de sel, prouenant du cuiure ou du fer, ou bien de leurs propres vapeurs, Car il commence le plus souuent par le metal, de là vient eau, & puis sallure, & se resoult au contraire: De mesme.

35 L'esprit de Vitriol n'est point different en espece de l'huyle, mais d'espoisseur seulement, Car la mesme sallure soulphreuse, attenuée par la distillation autant qu'il se peut constitué l'esprit, & espoisse fait l'huyle, quoy qu'improprement, qui ne peut estre radoucy sans addition & changement de sa nature, Il est

pareillement de l'alum, & autres.

36. Le souphre mineral, quoy qu'il se fonde au feu & qu'il se brusle à cause de son onctuosité, toutesfois il ne se peut resouldre en huile, qui perseuere à froid; moins encore son aigret, qui prouiect de sa bruslure, se peut appeller huyle, mais seulement son sel fuligineux, qui en guise de fumée montant en l'air, & attirant l'humidité d'iceluy, auquel elle est reserrée, Se resoult en liqueur ne pouuant s'exhaler, d'autant que le soulphre en son dehors n'est que resine, & en son dedans rien que suye: En ceste suye n'y a que sel, & en ce sel rien que vinaigre, dict Mercure.

37. Bien que des pierres precieu-

ſes & autres, ne ſe puiſſe extraire aucune eau, teinture, ſel & huyle, toutesfois cela n'empeſche pas qu'on ne les puiſſe reduire en magiſteres cordiaux & autres par diſſoluants de meſme ſorte, Ainſi.

38. Des coraux ne ſe diſtille aucune liqueur, moins encore ſe tire des rouges quelque teinture, ſel ou huyle proprement dit, mais par addition ſeulement, cõme l'experience fait voir en la diſolution de l'eſmeril, & deſdits couraux, par le vinaigre diſtillé, qui donnent vn ſel de meſme forme & de meſme gouſt. Le ſemblable eſt du criſtal & autres: Bref.

39. Le Talc mineral eſt incombuſtible, indiſſoluble radicalement

& sans espoir d'aucune humeur distillée de soy seulement, ne contenant qu'vne simple terre fort pure & blanche, vnie par vne eau tres claire, & endurcie par la chaleur, à la façon de l'argille : d'où procede sa clarté & sa viscosité ineuaporable, qui nous deçoit, & particulierement les Dames ambitieuses du beau teinct. Autant en est il des autres mineraux que ie laisse, à l'experience des Curieux : En ceste maniere.

DES METAVX.

40. TOutes les preparations des metaux ne sont que magisteres, ou attenuations d'iceux, & par consequent tout esprit, soulphre, quintessence, tein-

ture, huyle & autres mal entendus, ne sont que tromperies pour les credules, & particulierement pour la populace, qui n'admire rien que ce qu'elle ignore ; qui ne se plaist qu'aux apparẽces vaines, & seroit bien faschée d'estre detrompée, pour n'admirer plus rien, Et.

41. Pource qu'on appelle sel, aux metaux proprement parlant, c'est celuy de leurs dissoluants comme dict est, vny auec partie de leur cendres metalliques, puis de rechef par la fusion, il peut reprendre son premier corps, & que lesdites cendres, ou chaux separées du sel ne se fondent aucunement en l'eau capables de reprendre le mesme sel estranger : Partant.

42. Les metaux imparfaits ne

donnent qu'vne chaux, suye & scorie vulgairement, Et les parfaits n'obeyssent qu'à l'Art Hermetique fort peu cogneu, & touttefois par diuerses additions vn chacun d'eux peut fournir des remedes & merueilles innombrables pour la santé & le contentement des Curieux. Cela estant

44. L'Antimoine, ou entremine, c'est à dire participant & du mineral & du metal, doit ses diuerses couleurs au feu, & ne donne aucune huyle ny aucun sel, s'il n'est bruslé auec d'autre, incàpable de diuision en ses facultez, sans sa totale destruction cõtre ceux qui le veulent faire plustost purgatif seulement, que vomitif, pour complaire aux delicats, & rendre leurs bources vomitiues, en

quoy consiste leur secret, ce qui se preuue par le diaphoretique.

45. Le Mercure ou argent vif, quoy qu'il soit corps, n'est qu'vne substance homogenée, tousiours semblable à soy-mesme, ne donnant aucune liqueur, soulphre ou sel aussi tout seul, capable seulement de diuers accidẽts salineux & terrestres, qui le font paroistre comme vn Prothée à l'ayde de Vulcan moderé, mais son moindre courroux le despouille tousiours & le monstre tel qu'il est.

46. Le Plõb n'a point de sel vray, mais vne certaine terre vitrifiante, moins encore du sucre comme l'on dit, puis que ce n'est que le Plomb mesme dissoult par le vinaigre distillé suiuant l'ordinaire, & ramené à cette forme & saueur

par

par le meslange de leurs qualitez ; Et de la sorte le vinaigre ne tire, & n'emporte point du sel dudit Plomb ; mais il le luy apporte ; puis que le mesme sel, & ses feces noires, sont de nouueau reduits en plomb. Semblablement de ses autres operations.

47. L'Estain, le Fer, & le Cuiure en sont de mesmes, lesquels moyennant lesdits menstrues, ou additions, suiuant le plus & le moins que dit est, forment des remedes merueilleux, & des vertus toutes nouuelles, que les enuieux appellent secrets.

48. De l'Argent ne se tire aucune teinture ny autre que dessus, mais par Addition aussi il est changé en poudre de couleur celeste, & en remedes non pareils : Pareillement.

49. De l'Or on n'extraict aucune substance potable proprement dicte, c'est à dire separée de son dissoluant, nullement acre, & demeurant tel à froid, puisque de quelque façon qu'on le prepare, il reuient tousiours à soy-mesme, ainsi que des autres a esté dict, auec la chaux duquel toutte-fois, on peut former des remedes tres excellents, que la varieté du meslange produit.

50. Finallement quant aux œuures de nature; l'art ne peut imiter son action interieure, & par consequent ny le temps, ny le poids, ny l'ordre, qui graduent & cõstituẽt tout; Que si par hazard (s'il est permis de parler ainsi) elle faict quelque chose de nouueau, c'est tousiours par la mesme nature, qui n'est iamais oysiue.

SECONDE PARTIE.

DE LA

RACTIQVE RESOLVTIV

METHODE.

Vegetaux.			Mineraux & Metaux.		
res en neral.	Effects en general.		Nombre des Mineraux.	Nombre des Metaux.	Op
Racines, Escorces, Bois, Feuilles, Fleurs, Fruicts, Sucs, Liqueurs, Tartres, Semences Gommes, Resines, &c.	Phlegme, Esprit, Essence, Huyle, Baume, Extraict, Sels, —— Chaux, Fleurs, Sublimés, Crystaux, Verres, Magisteres &c.	Chefs en general des Mineneraux. —— Sels, Soulphres Terres, Pierres, Marcassites Metaux, &c.	Sel nitre, Sel marin, Vitriol, Alum, Sel Armoniac, —— Soulphre, Arsenic, Cambé, —— Bol, Coral, Esmeril, Bismuth, &c.	Antimoine, Terre metallique —— Argent vif. Eau metallique, —— Plomb, Estain, Fer, Cuivre, Argent fin, Or fin, &c.	De Eu De Fus De Cal Dis Sub Fix Dis Pre Veg Vit Cer Am Re &c.
12	13	6	12	8	

EXPLICATION.

Methode depend de la partition du subiect de cet Art, qui est le mixte, ou le composé
nt que resoluble seulement, comme a esté demonstré ailleurs: Des parties duquel les
c les autres externes; Et icelles, ou homogenes, ou heterogennes, c'est à dire, ou sembl
ables. Les internes sont tousiours differentes, parce qu'autrement le mixte ne seroit pa
nes peuuent estre les deux: Dont les premieres internes regardent l'estre ou essence du

SECONDE PARTIE DE LA PRACTIQVE RESOLVTIVE.

SECTION PREMIERE.

Dessein des Operations de la Physique Resolutiue.

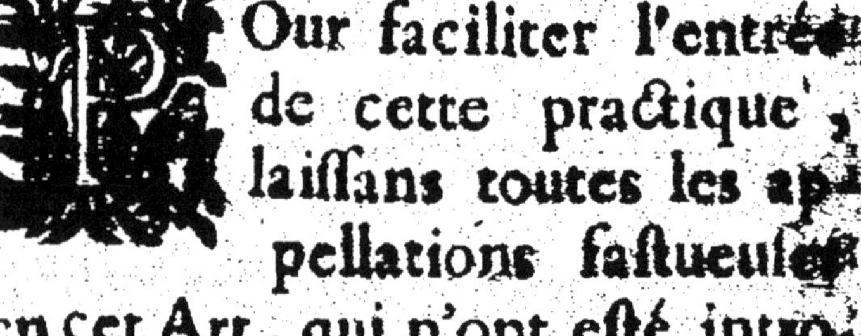

POur faciliter l'entrée de cette practique, laissans toutes les appellations fastueuses en cet Art, qui n'ont esté introduictes que pour l'obſcurcir, tant par auarice, que par enuie du biẽ public. Il faut exprimer, le plus naifuement qu'il ſe peut, & deſduire par ordre naturel, tout ce qu'il contient ; pareillement meſpriſans, touttes les operations qui n'ont de la poſſibilité, que dans l'ambitieuſe iactance de faire ce qui ne fut, & ne ſera iamais, fondée ſur l'ignorance commune, qui croiſt tout, & ne s'informe de rien ; Il ne ſera compris en ce deſſein, qu'vn bon nombre de poſſibles, vtiles & neceſſaires operations pour paruenir à cette derniere reſolution des mixtes naturels, qui eſt l'vnique liure que le tout puiſſant nous a donné, pour y apprandre ſes grandeurs, & recognoiſtre nos petitesses. Donc selon nostre partition quant a ce qui est.

DES ANIMAVX.

ON peut faire les resolutions sur le sang, le laict, le beurre, les os, l'vrine, le miel, & la cire. Au grand volume, c'est à dire dans leurs propres vaisseaux & fourneaux, sçauoir, courges de terre vernissees, cornues de verre, escuelles, pots, &c. Au demy reuerbere, ou au cendrier.

Et sur la chair, la graisse, la peau les plumes, le poil, & les oeufs, on les peut representer, au petit volume, c'est à dire en vaisseaux impropres. Le tout pour seruir d'exemple à la commodité d'vn chacun, ou autrement cõme on desirera. Pour le regard

DES VEGETAVX.

LE mesme ordre requiert que l'on trauaille sur les racines tendres & charnues, sur les fleurs & les fruits. Dans la chappelle de cuiure, ou d'estain fin. Et au cendrier.

Apres sur les feuilles chaudes, semences & autres soulphreuses, dans le refrigeratoire ; Sur les froides, & mercurielles dans le bain marin ; ou au cendrier, ainsi on distille les racines, escorces & bois sec, par la descente. Et par le costé.

Les sucs espoissis sont reduicts, en extraicts, dans des escuelles, pots de verre &c. Et au cendrier.

La liqueur du raisin se distille

par le haut, en courges de cuiure, terre vermisée, de verre &c. Et au refrigeratoire.

Son tartre est preparé en terrines de gray. Retortes & semblables, Par ebullition, calcination suppression, distillation, A feu ouuert, par le costé, &c. Les huyles naturelles, gommes & resines par la cornue & par la sublimation ; Et touchant le traicté

DES MINERAVX.

ON peut commencer, par la depuration & fusion du nitre, ou salpetre, par simple dissolution, seiche ou non, le mesme estant des autres :

Puis par la decrepitation, ou

desseichement, & la fusion du sel marin, & autres fixes, chaude & seiche, seulement.

En apres par la Dephlegmation, & calcination du vitriol, par ebullition & consumption, de son humide externe dans leurs vases requis, à feu ouuert & de suppression.

Les Esprits acides des mesmes par la cornue, & reuerbere entier.

De la, on peut passer à la purification du sel Armoniac, sçauoir entre deux terrines, plats ou matras, par la sublimation.

Comme encore à la distillation, ou dessication de l'alum, par la courge de terre vernissée, & au demy reuerbere, Et venans au soulphre.

On faict les fleurs, l'aigret, le

baume & autres d'iceluy, par la ſublimation, combuſtion, ebullition, feu ouuert, &c. l'arſenic, l'aymant arſenical, &c. ſe trauaillent à feu de roüe, ſuppreſſion, ſublimation, &c.

Le Carabé, ou Ambre iaune, charbon de terre, ou de pierre, & autres bitumes par la cornüe, & à feu demy ouuert, tendant à celuy de ſuppreſſion, & ſemblables.

Les terres, comme le bol, marne, & autres, par le reuerbere entier, à la façon des eſprits acides, calcination à feu ouuert, de ſuppreſſion, &c.

Le Corail, ainſi que des Perles, Coquilles & autres, par leur diſſolution & reduction en magiſteres.

Les pierres, comme l'Eſmeril Cryſtal de roche, &c. par leu inflammation & extinction hu mide, reïterée, ou par la calcina tion, à la façon du fer, & du cuiure.

Et les Marcaſſites, par la diſſo lution commune, & ſa precipita tion, ne plus ne moins que

DES METAVX.

DOnt quant à l'Antimoine, ou entremine, c'eſt à dire mineral moyen, & matiere me tallique, ſuiuant les hermetiques, on ſepare premierement ſon ſoulphre ſans addition dans des terrines, non verniſſées, ou de fer, & à feu ouuert : on l'enflam me par addition, on fait ſon verre par la fonte, sa depuration metalline par detonation, ou inflammation, & par la fusion aussi.

Ses fleurs par sublimation, sa gomme, aigret, huyle, sel, reduction, ou reuiuification, & semblables, par la cornüe à feu ouuert, de suppression, &c.

Le Mercure, ou Argent vif, nommé eau metallique, se purifie à feu ouuert, ou par l'humide à froid. Ses dissolutions diuerses, ou corrosions, se font par calcination tant humide que seiche, son arrestement, detension, ou incorporisation, sa dulcification, liqueur, turbith, & autres par la sublimation simple, ou non, & par addition, ou non.

Pour le Mars, ou fer, il se prepare diuersement auec ou sans addition, au feu de reuerbere, ou d'inflammation, extinction, ou non, pour le rendre de qualité diuerse, c'est à dire, Astringent, ou Aperitif.

Et pour auoir son essence douce, son sel, vitriol, fleurs, liqueurs, magisteres, & autres, tant par intermedes, que par menstrües.

Et parce que le mesme se pratique pour la Venus, ou le cuivre, quoy que differents en vertus, ce qui sera obmis sur le Mars, se pourra acheuer sur la Venus.

Le Saturne, ou le plomb, se dissout, ou se calcine par feu ouuert, & son essence, baume, laict, magistere, crystaux, sel, huyle, &c. se tirent par fusion, corrosion, precipitation, & semblables.

Et

Et d'autant qu'on procede de mesme sorte sur le Iupiter, ou estain : on choisira, ce qu'on voudra practiquer, sçauoir l'amalgame, qui est commune aux autres, sa chaux, fleurs, besoard magistere, aureation, que nous auons appellé Iupiter auré, purpurine vray cinabre. Par dissolution, precipitation, sublimation, &c.

Pour la Lune ou argent fin, on monstre ordinairement sa dissolution, præcipitation crystaux, vegetation, poudres, & autres dans le besoin.

Bref, on opere presque de mesme façon sur le Soleil ou l'or, ne different des autres, quant à sa dissolution humide & corrosiue, qu'au seul menstrue : sauf les operations curieuſes, longues & riches, pour ceux qui s'y plairront, Enſemble la varieté plus grande du meſlange, des mentionnées, qui leur produira des effects admirables, & preſque infinis, ſuiuant noſtre methode, & l'experience de ce que deſſus.

Quoy dict, & propoſé en general, reſte maintenant à voir, les deſcriptions particulieres, auec tout ce qu'il faut auoir, pour operer commodement En chacune deſquelles eſt exprimé, premierement la matiere, ſelon ſon poids. En apres les moyens ſecs, ou humides. Troiſieſmement, les vaiſſeaux, fragilles ou non. En quatrieſme lieu, le procedé premier, ou ſecond, conforme à son tiltre, c'est à dire suiuant l'ordre qu'elles y sont escriptes : Plus les fourneaux, & enfin, la chaleur requise : la difficulté estant seulement de discerner & attribuer, en detail, ce que nous auons ioint en gros, particulierement audit procedé, ce qui n'est pas bien difficile à ceux qui sont ou seront enfants de l'art ; Car vne description comprise toutes les autres le sont. C'est pourquoy

Les operations simples, ou resolutions de la Physique, qui se practiquent sur les animaux, ne regardent en general que trois poincts (sçauoir) les parties qui les constituent, les choses qui en découlent appellées excrements; propres; ou impropres, adherants, ou non, Et ce qui procede par iceux, comme le miel, par l'abeille. De mesme celles qui se font, sur les vegetaux, ne visent qu'a leurs parties constitutiues, ou ce qu'ils produisent, Entre lesquels l'escorce peut tenir lieu d'excrement adherant, Et les gomines & resines de non adherants, bien que improprement.

Et celles qu'on faict sur les mineraux & metaux, n'ont pour obiect, que leurs parties internes, ou principes particuliers; leurs externes, n'estants point diuerses, comme plus dures, & obscures en eux mesmes, doncques.

SECTION SECONDE, Quant aux animaux.

Pour extraire l'eau, l'esprit, le baume, la quintessence & le sel du sang.

IL faut auoir du sang tres sain, la quantité requise, de bon esprit de vin ce qu'il faudra, du papier gris peu collé, des trespieds de fer mobiles & ronds, & des rouleaux ou petits cerceaux de bois, de carton ou d'autre matiere, qu'on nomme valets, pour repose, ou appuyer les vaisseaux.

Vn plat, vne courge de terre, vernissée ou autre, qui ne boiue point, vne de verre auec sa rencontre : c'est à dire qui s'emboitte en dedans, vne chappe, ou alambic, auec son recipiant, vn entonnoir, des fiolles &c. Puis le laisser espurer par soy-mesme, le dephlegmer, à feu ouuert, le distiller dans lesdits vaisseaux, sçauoir, au demy reuerbere, du premier, iusqu'au troisiesme, & dernier degré de chaleur, le philtrer, separer, & rectifier, ou bien apres sa depuration naturelle, l'ayant mis digerer au fumier, bain marin, &c. durant vn mois, proceder comme dessus.

Le laict se distille en la mesme maniere sans aucune preparation, & à feu lent pour auoir l'eau ; Les oeufs durcis en eau bouillante ; La siente fraiche telle quelle est, Ainsi

Pour tirer l'huyle du beurre graisse, Cire, &c.

ON prend desdictes matieres ce qu'on veut, auec leurs intermedes, ou moyens secs, comme bol, chaux viue, sel descheiché, &c. vn plat de terre vernissé, vne cornue auec son recipiant de verre : puis il est besoin de les fondre, les incorporer auec les mesmes moyens, les ietter dans leur retorte, ayant deux tiers vuides : les distiller au fourneau de sable du premier iusqu'au quatriesme degré de chaleur, & les rectifier s'ils ne sont assez purs & liquides. Pareillement

Pour faire l'extraict de la chair, ou parties charneuses.

AYant choisi la chair qui sera necessaire, bien fraiche, de bon esprit de vin, aromatisé de myrrhe, escuelles ou terrines qui ne boiuent point, vne cornue, auec son recipiant.

On vient à la couper en pieces plattes & deliées, pour la soicher, l'arrousant dudit esprit, la mettre en poudre, la digerer sur les cendres chaudes, tant qu'il y aura de teinture, la philtrer, euaporer ou distiller, à feu lent, & consistance requise,

Ainsi est de touttes sorte d'extraicts auec, ou sans moyens, De mesme

Pour faire le magistere des os, ou parties solides.

VOus prandrés, tel os que vous voudrés desseiché, par soy mesme de son humidité nourriciere: Du vinaigre, distillé d'esprit de nitre, huyle de tartre, par defaillance, eau commune, &c. vne courge de verre, vn matras, ou recipiant, des entonnoirs, &c.

Puis vous le mettrés en poudre subtile, pour le dissoudre, philtrer, precipiter, lauer, & seicher à nostre mode.

La mesme methode, s'obserue à tous les autres magisteres. En ceste sorte.

Pour distiller l'esprit, l'huyle & le sel volatil, des cornes poils, & plumes, &c.

CHoysissés desdictes choses, ce qu'il conuient vne cornue auec son recipiant ; des fiolles, entonnoirs, &c. En apres reduissés le en petites pieces, & les distillés, au reuerbere clos, ou non, du premier i'usqu'au troisiesme degré de chaleur, separans & rectifians le tout. Le mesme estant des autres corps solides. Et

Pour tirer l'esprit, sel, & huyle D'vrine.

PRenés quantité d'vrine, de ieunes gens qui boiuent vin, l'intermede qui sera à propos, vne courge de terre, bien vernissée, ou qui ne boiue point, ou bien de verre auecque sa chappe, & recipiant, vne cornue &c. Puis laissés la rasseoir quelques iours, pour la separer de son limon, la dephlegmer, à feu ouuert la distiller au fourneau de cendres, du premier, iusqu'au troisiesme degré de chaleur, separer les diuerses substances, philtrer, rectifier, euaporer à sec, brusler & mettre resoudre, en lieu froid & humide. Enfin,

Pour extraire l'eau, l'esprit l'huyle, & la teincture, du miel.

AYés du miel, quantité suffisante, de la filasse, ou estoupes nettes, du sable de riuiere, pur & net aussi, deux courges de terre, vernissées, l'vne desquelles soit troueé à vn costé, deux doigts soubs l'orifice, des escuelles de gray, & autres qui ne boiuent point.

Puis distillés le sur vn demy reuerbere, du premier iusqu'au troisiesme degré de chaleur, & que tout soit desseiché.

Item mettés le digerer, sur les cendres chaudes, pour le philtrer, & distiller, ou euaporer. touchant la teincture. &c.

SE-

SECTION TROISIESME Quand aux Vegetaux.

Pour distiller les plantes verdes ou ayants suc, seiches, ou desseichées, chaudes, ou froides visqueuses, huyleuses, &c.

NOus choisissons, parlants generallement la plante qui faict besoin, ou son suc espuré, ou icelle digeré: D'eau commune, de bon vin, esprit acide, lessiue, grauellée, sel de tartre, papier gris, courge de cuiure refrigeratoire, en conique, ou serpent, chappelles, terrines, escuelles, cucurbites, ou courges de verre, alambics, matras fiolles, entonnoirs, pots de verre larges d'entrée, &c.

Puis on vient à la piler, presser, chauffer, macererl, bouillir: euaporer, distiller, cohober, calciner, dissoudre, congeler, seicher, resoudre, sçauoir au bain marin, bain vaporeux, bain sec, aux cendres, fumier, calcinatoire, demy reuerbere, &c. Et au premier degré de chaleur pour le phlegme, digestion, euaporation, Au second degré pour l'esprit, essence, huyle, Au troisiesme, pour les ebullitions, rectifications, &c. Et finallemēt au quatriesme, pour les calcinations, inspissations, fusions, &c. Dont;

Pour purifier des sucs espoissis touchant les extraicts, & sels, seruants à composer des remedes uniuersels.

Vous aurez des sucs espoissis, comme la scamonée, aloe, & semblables, la quantité requise, d'eau commune distillée, esprit de vin, vin aigre distillé, eau de miel, &c. des plats, terrines, & escuelles qui ne boiuent point.

Puis vous les mettrés en poudre ou en petits morceaux, pour les purger de leur terrestreité, & resines, ou de leurs vapeurs malignes, les digerer, dissoudre, philtrer, & exaler, en la consistance requise, separant les sels, si point en y a, En cette sorte.

Quant au remede, qui fait reposer, nommé Laudanum, ou nepente, l'opium, qui est la base se desseiche en petits morceaux à feu doux, s'extraict, par le vinaigre distillé, comme les perles & coraux, desquels cy apres, & tous les autres ingredients, sont extraicts par l'esprit de vin, particulierement les acres, & malins, car aux mediocres les eaux distillées suffisent.

Le mesme est des panchymagogues, & polychrestes, c'est à dire, purgatifs vniuersels, tous lesquels se doiuent garder à part, pour les mesler en composition.

En cette maniere,

Pour tirer l'esprit, le phlegme, l'acide, le sel, & l'essence des liqueurs, particulierement du vin, & du vin aigre.

PRenés de bon vin blanc, ou rouge, ou eau de vie tres bonne, la quantité qui sera necessaire, vne courge de cuiure, à serpent, vne de verre, auec sa chappe, & recipiant, vn vaisseau circulatoire ou de rencontre, puis faictes le distiller au demy reuerbere, ou aux cendres du premier, iusqu'au second degré de chaleur. Rectifiés le plusieurs fois, separant le phlegme, continués le feu, iusqu'à sec, pour auoir l'acide, ou bien mettés le circuler durant trois mois, au bain marin, ou au fumier, & le distillés pour extraire l'essence.

Enfin bruslés le marc, ainsi que de tout autre combustible, pour separer le sel par lessiue, philtration, euaporation, & resolution, pour auoir l'huyle.

Le vin aigre touttefois ne doit point estre distillé que dans le verre, & à tres petit feu au commencement, affin de separer le phlegme, qui sort le premier, au contraire du vin. De mesme,

Pour faire la purification, calcination, sel, huyle, & magistere du tartre.

ON faict choix du tartre fin, le plus gros, & le plus pur

qu'on peut, quantité suffisante d'eau commune, esprit de vin, huyle de vitriol, ou de nitre, du salpestre, des blancs d'œufs durcis en eau bouillante, du papier gris, linge neuf, manche de drap blanc, &c.

Vn chauderon, vn pot de terre & autres vases non vernissés, des terrines qui ne boiuent point, vn marbre, ou porphyre, pots de verre, cornues, recipiants, &c.

En apres on le met en poudre pour le lauer, dissoudre par l'eau bouillante, philtrer & congeler, le calciner, par, ou sans moyen, au fourneau de reuerbere, potier de terre, fondeur de cloche, de suppression, ou d'vstion, à des couuert, puis en faire la lessiue, la philtrer, & euaporer à sec, mettre resoudre, ou exprimer, le distiller au reuerbere, ou au sable du premier iusqu'au troisiesme degré de chaleur, & de suppression, sur la fin: & ainsi selon que dessus. Dauantage

Pour exalter, ou purifier l'huyle vulgaire, appellée essentielle, ou des Philosophes.

C'Est la coustume de chercher de l'huyle d'oliues, la plus vielle, qu'on pourra trouuer, quantité suffisante, poudre, ou morceaux de bricques, sel desseiché, vn peu de verd de gris, vne terrine bien vernissée, vne cornue, auec son recipiant de verre, &c.

Apres on enflamme ladite brique, pour l'esteindre dans l'huyle, mettre le tout en poudre subtile, le distiller au fourneau de sable, du premier iusqu'au troisiesme degré de chaleur, & le rectifier, s'il est besoing, ou autrement auec ledit sel, Pareillement.

Pour tirer les fleurs, ou le sel volatil, & essentiel du ben-iuin, & autres gommes.

IL conuient auoir du benioin fort net, ce qu'on desirera, vn creuset rond, ou pot à feu, du papier gris, ou bleu spongieux, & peu collé, pour faire des cornets, en forme de chappe.

En apres les sublimer sur vn

petit demy reuerbere, à feu doux & separer, ou abatre auec vne plume, de temps à autre sur du papier blanc. Enfin

Pour tirer l'esprit, l'huyle, baume, & faire l'extraict de therebentine, & semblables resines, molles, ou liquides.

VOus prendrés de therebentine, ou autre resine liquide, quantité suffisante, d'eau commune, esprit de vin; vne cornüe lutée, ou vne courge, auec son alambic, & recipiant de verre, des pots de rencontre, fiolles, &c. puis vous la distillerés au demy reuerbere, sable, bain marin, ou refrigeratoire, du premier jusqu'au dernier degré de chaleur, ou de suppression, separants les diuerses liqueurs, affin de distiller, ou euaporer le baume à sec, pour faire l'extraict.

En cette maniere on peut operer si, toutes les autres resines des vegetaux.

SECTION QVATRIESME
Quant aux Mineraux.

Pour faire la depuration, fusion, esprit, & huyle de nitre, ou salpestre.

Prenés la quantité de salpetre que vous voudrés, d'eau commune, du souphre quelque peu, du bol, poudre de briques, papier gris, &c. Des terrines, escuelles de gray, ou de fayence, vn creuset, ou vne grande cuilliere de fer, bien polie au dedans, vne cornue de terre, ou de verre, vn grand recipiant, vn entonnoir, fiolles de verre, &c.

En apres faictes le dissoudre, philtrer, euaporer, & crystaliser, pour le fondre sur, & entre les charbons ardants, le purifier auec le soulphre, ou vn petit charbon allumé, ou non, & le ietter dans des moules, ou autrement.

Plus le distiller au fourneau de reuerbere entier, auec le double de son intermede, du premier iusqu'au quatriesme degré de chaleur, le philtrer, & rectifier, s'il s'il est besoing.

De mesme façon le sel marin se purifie, se deisseiche, se fond, se distille; mais auec plus de temps, comme le vitriol & l'alum dephlegmés, le meslange desquels proportionné, selon qu'il faut, compose l'eau forte, ou de depart, & l'eau regale, ou royalle, par le sel armoniac.

Et de leur teste morte, marc, ou residu, se tire le reste du sel par dissolution, philtration, & euaporation à sec, pour seruir, comme auparauant. Et

Pour espurer, sublimer, fixer, & faire l'huyle du sel armoniac.

VOus aurés du sel armoniac la quantité necessaire, d'eau

commune, de chaux viue, & chaux de coques d'œufs, du ſel marin blanc, & deſſeiché, du papier gris, des bonnes terrines, & creuſets, vne courge de terre, ou de verre auec ſon alambic, & recipiant, vne cornue, vn entonnoir, &c.

Affin de diſſoudre, diſtiller, philtrer, ou euaporer, le ſublimer, par pluſieurs fois, au fourneau de ſable, du premier iuſqu'au troiſieſme degré de chaleur, le ſtratifier, digerer, congeler au froid humide, & le mettre reſoudre. D'auantage

Pour faire les fleurs, aigres, ſel, huyles, baume, & magiſtere du ſoulphre.

IL faut auoir du ſoulphre commun, en canons, ce qui ſuffira

d'eau commune, du vin aigre distillé. D'esprit de therebentine, huyle de tartre, par resolution, du sel marin, blanc & desseiché, sel armoniac, chaux viue, papier gris, cendres seiches, & sacees, & autres que dessus, vne courge de terre, & diuers pots vernissés, ou non, vn bon creuset, vne chappe, ou cloche de verre, ou recipiant, plusieurs fiolles, &c.

En apres le sublimer, au demy reuerbere, du premier jusqu'au second degré de chaleur, pour vaporer seulement. Plus l'enflammer, le brusler soubs vne cheminée, ou lieu escarté à cause de l'odeur, y & mettre ledit creuset à part, pour laisser parroistre le sel.

Plus le distiller, l'extraire, digerer, bouillir, philtrer, precipiter, lauer & desseicher, comme dit est. Semblablement

Pour sublimer, calciner, faire l'huyle, & l'aymant d'arsenic.

CHoisisés de l'arsenic tres blanc, & cristalin la quantité necessaire, eau commune, huyle de tartre, &c.

Du sel desseiché, du vitriol rougi, poudre de machefer, salpestre, soulphre en canons, Antimoine crud, &c. vn creuset, vn matras, pot de terre, &c.

En apres sublimés le au fourneau de sable, du premier iusqu'au troisiesme degré de chaleur, ou l'enflammez pour le fondre, le dissoudre, radoucir, seicher, fixer, resoudre, & cuire, à feu lent, ou de roüe premierement, & puis plus fort, iusqu'a ce que le soulphre soit consummé, & le tout soubs vne cheminée seulement euitans les fumées qui sont dangereuses. De mesme

Pour tirer l'huyle & le sel volatil du Carabé, ou Ambre iaune, charbon de pierre, & autres bitumes.

ON doit auoir la quantité que on desire du Carabé, d'eau simple, du sel commun desseiché, vne cornüe, auec son recipiant, vne courge, auec son alambic de verre, fiolles, &c.

Puis le distiller au sable, à feu

lent, premierement, & sur la fin de suppression, le rectifier & separer, estant loisible d'operer, sans intermede, mais plus lentement.

Ainsi se distille le charbon de terre, ou de pierre, & touttes sortes de bitumes. Item.

Pour extraire l'essence, magistere, sel, & huyle des coraux, perles, porcelaines, &c.

VOVS prandrés desdites matieres ce qui sera besoing, du vin aigre distillé, huyle de tartre, esprit de vin, eau commune, des escuelles de gray & semblables, des vaisseaux de rencontre, vne cornue, & son recipiant de verre.

Pour le dissoudre, philtrer, seicher, resoudre, precipiter, lauer, distiller, & cohober, sçauoir au bain marin, au fumier, ou aux cendres, & à feu lent. Finalement

Pour faire la calcination, teincture, sel & magistere d'Esmeril, Crystal de roche, & autres pierres dures.

IL est requis qu'on ait de bon esmeril rouge ce qu'on voudra, du vinaigre, distillé d'eau royalle, vn bon creuset, deux plats de terre vernissés, pots de verre, fiolles, &c. puis le rougir entre les charbons ardants l'esteindre, seicher, & reiterer le mesme iusqu'a son entiere dissolution, plus le reuerberer, rediſſoudre, philtrer, & exalcer d'vne tierce partie, le precipiter & ſeicher.

Touchant les marcaſſites, les Operations ſont de meſme que des metaux, comme s'enſuit. Doncques

SECTION CINQVIESME
Quant Aux Metaux.

Pour faire le foye d'Antimoine, le verre, le regule, les fleurs, l'extraict, l'huyle, &c.

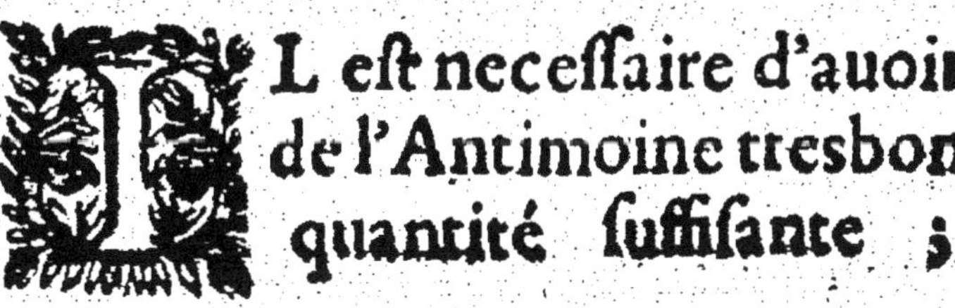

IL eſt neceſſaire d'auoir de l'Antimoine tresbon quantité ſuffiſante ;

d'eau commune, du vin, du vin aigre distillé, d'esprit de vin, d'esprit de therebentine. Du salpetre fin, du tartre crud, pur, & net, & son sel, borax, alum calciné, sel gemme, succre candy, papier gris &c.

Vn grand mortier de fer, vne terrine, qui resiste au feu, diuers creusets, & pots de terre, non vernissés, ou bien vn vaisseau calcinatoire; faict exprés, des escuelles qui ne boiuent point, des pots de verre larges d'entrée, plusieurs verres bas, & larges, des courges de rencontre, vne cornue, auec son recipiant, des entonnoirs, &c.

En aprés le brusler, infuser, & philtrer, le calciner, l'enflammer par petits pacquets, & le fondre; plus le ſublimer à feu tres fort, le digerer à chaud, tant qu'il y aura de teincture, le diſtiller au fourneau de cendres, du premier iuſqu'au troiſieſme degré de chaleur, & ſur la fin de ſuppreſſion, bref le diſſoudre, philtrer, precipiter, radoucir & ſeicher, quant au ſoulphre auré. De meſme

Pour calciner le Mercure, ou argent vif, le ſublimer, le diſtiller, & ſemblables.

FAut auoir dudit Mercure pur, ce qu'on voudra, d'eau commune, du vin aigre diſtillé d'eſprit de nitre, ou de depart rectifiés, du ſel marin, blanc & desſeiché, du nitre, ou ſalpetre fin, d'alum de roche, ou de glace de vitriol romain, purs, & calcinés, du papier gris, cendres seiches, & sacées, vne terrine blanche de fayence, des plats vernissés, escuelles de gray, plusieurs cornuës, matras, recipiants, courges, pots, entonnoirs, fiolles grandes & petites, &c.

Puis le dissoudre, precipiter, philtrer, radoucir & seicher, ou colorer, comme encore pour l'incorporer, l'esleuer au fourneau de sable, le rectifier par soy mesme, du premier vers le dernier degré de chaleur, plus le distiller, par costé, au demy reuerbere ouuert, du premier, & second degré de chaleur, pour auoir la gomme, son huyle par resolution, & des deux la pouldre par precipitation, l'aigret, & le sel par euaporation, ou desiccation, & du troisiesme iusqu'au dernier degré de chaleur, ou de suppression, pour le cinabre, & la reuiuification dudit antimoine, ou argent vif, finalement le magistere appellé besoard mineral, de la mesme gomme par distillation laterale, auec l'esprit de nitre, rectifié, & cohobé, Semblablement

Pour faire la chaux de Mars acier, ou fer, tant astringent qu'aperitif, l'extraict, les crystaux, le vitriol, l'huyle & le sucre.

PRenés des poinctes de clous neufs, limaille fraische, & pure,

pure, lamines subtiles, ou quarreaux d'acier, autant qu'il est besoin d'eau commune, du vinaigre distillé, d'esprit de vin, de vitriol, de nitre, ou de depart, vin blanc, maluoisie, huyle de tartre par resolution, vrine, &c. De soulphre en canons, du vitriol rougi, du sel d'antimoine, papier gris, &c. vn creuset, vn pot qui resiste au feu, deux terrines vernissées, escuelles, &c. vn pot de verre, matras, cornue recipiant, entonnoirs, &c.

Puis dissolués le, & le philtres, pour le faire exaler, congeler, desseicher, refoudre, rouiller, reuerberer, enflammer, esteindre, mettre en grenaille, brusler stratifier, sublimer, & distiller, au fourneau de cendres, ou de sable, entre les charbons ardants, feu de roüe de reuerbere, &c. du premier, iusqu'au dernier degré de chaleur: De plus

Pour faire la chaux de Venus, ou cuiure, le vitriol, ou crystaux huyle, magistere, &c.

AYés la quantité necessaire, du cuiure par menues parcelles, lamines deliees, ou limaille pure: eau forte rectifiée, vinaigre distillé, huyle de tartre, par resolution, esprit de vin, eau commune, &c. du sel commun blanc & desseiché, du soulphre en canons, du sel armoniac, salpetre, verdet, papier gris, &c. des creusets, ou pots de terre non verniſſés, qui reſiſtent au feu, terrines, eſcuelles de gray, pots de verre, matras, cornües, recipiants, fiolles, vaiſſeaux de rencontre, &c.

Puis calcinés le, ou par ſtratification, ou par vſtion, venés à l'enflammer, & eſteindre, à le ſublimer, corroder, bruſler, cuire, philtrer, congeler, euaporer, mettre reſoudre, precipiter, lauer, ſeicher, &c. A feu de ro[illegible] & ſuppreſſion, reuerbere, de [illegible] de ſable, &c. du premier, iuſqu'au dernier degré de chaleur, & de la meſme façon que le Mars; Dauantage

Pour faire la chaux de Saturne ou du plomb, l'essence, crystaux, sel, laict virginal, magistere, verre, &c.

CHerchés du plomb en lingot, ou de la premiere fonte, ce qui sera necessaire, eau commune, esprit de vin, vinaigre distillé, eau forte, rectifiée, &c. du soulphre en canons, sel marin desseiché, alum de roche, ou de glace, blancs d'œufs durcis en eau bouillante, papier gris, &c. vn creuset, vn pot de terre qui resiste au feu, ou vne grande cuilliere de fer, & semblables des terrines, & escuelles de gray, vne courge, auec son alambic, & recipiant de verre, vne cournue, des fiolles entonnoirs, &c. puis fondés le sur vn demy reuerbere ou feu ouuert, pour separer les superficies d'iceluy, tant que le tout soit en poudre, ou bien le stratifier, pour l'infuser, philtrer, exaler, crystaliser, ou desseicher sur vn cendrier, ou feu lent; le precipiter, mesler, resoudre, distiller, rectifier, dissoudre, extraire, coaguler, & reuerberer: au fourneau de cendres, sable, reuerbere, & du premier iusqu'au dernier degré de chaleur.

Il est de mesme, de la ceruse, minium & litarge, qu'il faut dissoudre, auec le vin aigre distillé, & bouillant, par plusieurs fois, procedant comme dict est, ausquelles operations, le Iupiter ou estain, conuient pareillement : Dont

Pour faire l'amalgame, ou chaux de Iupiter, ou estain, aureation, ou Iupiter auré, fleurs besoard, magistere, &c.

ON prend l'estain fin, ou doux, c'est à dire sans meslange de plomb, cuiure, &c. la quantité suffisante, eau commune, esprit de nitre rectifié, esprit de vitriol, &c. du mercure, ou argent vif, salpetre, regule d'Antimoine, sublimé corrosif linge fin, papier gris, peu collé, diuers creusets, ou pots de terre, qui resistent au feu, vn plat vernissé, des escuelles, &c. vne cornue de verre, vn matras, ou recipiant, &c.

Puis le fondre, mesler, lauer, exprimer, euaporer, & mettre en poudre, qu'on apelle chaux, l'enflammer, le distiller, cohober, & reuerberer, le precipiter, radoucir, & seicher. Et ainsi

Pour faire la chaux, chrystaux, huyle, & vegetation, de la Lune, ou argent fin.

IL conuient auoir d'argent fin, en limaille, feuilles, & la mines delices, ce quon voudra d'esprit de nitre rectifié, du vinaigre distillé, D'eau commune, d'eau marine, ou d'alum, du mercure, du papier gris, &c.

Des creusets, escuelles de gray, des matras, cornuës, courges, recipiants & semblables verres.

Puis le dissoudre, precipiter, radoucir, seicher, & reuerberer, ou bien l'euaporer, rehumecter, philtrer, crystaliser, ou desseicher, puis distiller, cohober, seicher, broyer, & resoudre, digerer, & distiller, au fourneau de cendres, du premier iusqu'au second degré de chaleur: & enfin l'esleuer à feu doux, ou de roue: En cette sorte.

Pour faire la poudre saffran, vitriol, & huyle, ou liqueur, du sol, ou or.

IL est expedient d'auoir d'or en feuilles, lamines, pieces

deliées, ou recoupures fines, eau regale, huyle de tartre, vrine saine, eau de pluye distillée, esprit de vin, &c. Du Saturne, mercure, sel commun, grappes de raisins, papier gris, &c. vn creuset, vn vase de terre haut & vernisé, escuelles de fayence, courges de verre, entonnoirs, &c.

En apres le calciner, piler, purger, dissoudre, precipiter, philtrer, radoucir, & seicher lentement : Item le stratifier, & ratisser, le bouillir, euaporer, & chrystaliser, le digerer, seicher, & resoudre. Finalement.

Pour faire la reduction desdicts metaux, en leur premiere nature.

VOvs prandrés leurs chaux; sels, magisteres & autres preparations, du sel nitre, tartre, resine, sauon, graise, borax, &c. vn creuset, & autres vases à feu; & mettrés le tout au fourneau de fonte pour renaistre comme ils estoient auparauant.

FIN.

Fautes & obmissions suruenuës à ceste impression, qu'il faut corriger comme s'ensuit.

page 7. ligne 12. Ainsi. ligne 15. ibid. amer. pag. 12. lig. 5. dauantage. pag. 19. lig. 8. des Generalitez. & lig. 15. ibid. parlants. pag. 30. lig. 7. faict voir. pag. 35. lig. 10. subiect, ou occupation. pag. 37. lig. 6. soulphreux & absent, pag. 52. lig. 9. soulphreux, & lig. 16. ibid. charnuës, pag. 53. lig. 20. subtile. pag. 56. lig. 14. en les corrodant. pag. 64. lig. 14. puisque. pag. 84. lig. 1. reposer. pag. 88. lig. 13. entier. pag. 98. lig. 2. quant. pag. 99. lig. 3. subtile. pag. 100. lig. 2. & le separer. pag. 101. ligne 13. salpetre.

www.ingramcontent.com/pod-product-compliance
Ingram Content Group UK Ltd.
Pitfield, Milton Keynes, MK11 3LW, UK
UKHW021040230726
13926UKWH00004B/1571

9 782016 131367